ALMAS:

ORIGEN Y COMPOSICIÓN

JOSÉ RIVERA

Derechos reservados

Souls: Origin and composition
United States Copyright Office
Case number: 1-11457357601

José Antonio Rivera Pelayo

riverapelayo@outlook.com

Contenido

Capítulo   **Página**

Prólogo 5
Simetría Interdimensional 7
¿Sobrenatural? 12
Experiencias 16
Otros hechos 23
¿De dónde vienen las almas? 33
Relatividad Especial 35
El pensamiento más feliz 45
La materia comprimida 48
Estrellas de neutrones 52
Agujeros negros 54
Singularidades 57
Horizontes de sucesos 60
Mecánica Cuántica 63
El Universo 68
Universo imposible 71
El principio antropomórfico 74
La retrocausalidad 76
Partículas espirituales 79
La materia oscura 90
Conclusiones 93

Bibliografía 105

Prólogo

Desde que tengo memoria he estado obsesionado con mi consciencia; entendiendo esta como la facultad de reconocernos a nosotros mismos, de conocer nuestra identidad. Siendo diferente a conciencia, que es la cualidad que nos permite distinguir entre el bien y el mal.

Desde pequeño me preguntaba: ¿cómo llegué aquí? ¿por qué estoy en este cuerpo? ¿es puro azar que mi consciencia esté en este? ¿alguna vez estuvo en otro?

Posteriormente supe que, aunque hay millones de espermatozoides y que casi todos se desperdician, en algún momento uno de ellos se une a un óvulo y se desarrolla un nuevo ser humano.
Poco importa, yo ya estoy en este cuerpo.

Después aprendí que puede haber muchos planetas habitados, tal vez miles de millones o más, lo que tampoco me afecta, como dije: Yo estoy en este cuerpo y mientras esté en él, no estaré en otro.

¿En qué momento de mi desarrollo como feto apareció mi consciencia en él?

En la formación embriones y fetos, ¿en qué etapa aparece un ser consciente?

Siento que observo al Universo. No puedo creer que al morir deje de hacerlo, mucho menos que simplemente me extinga.

Supongo que estos sentimientos son comunes a todos los seres conscientes de sí mismos.

Para mí el mundo se divide entre los demás y yo, ni siquiera mis padres tienen que ver con mi consciencia. Somos seres independientes. Creo que nada de la consciencia de ellos se transmitió a las células iniciales que formaron mi óvulo fecundado.

Muchos piensan que el ser humano es el único que tiene consciencia de sí mismo; aunque tal vez algunos, muy pocos de los mamíferos superiores también la tengan; como ejemplo, podemos ver que un chimpancé se reconoce al verse en un espejo, lo que no sucede con otros mamíferos. ¿Significa esto que el chimpancé tiene consciencia de sí mismo?

Los biólogos suponen que la consciencia está en el cerebro, en la parte central de éste... ¿Pero, es así?

Parte 1

Simetría Interdimensional

El hombre que perdió el 90 por ciento de su cerebro.

Este caso, descrito por primera vez en la prestigiosa revista médica The Lancet, del 21 de Julio del 2007, presenta las radiografías del cráneo de un hombre de raza blanca, francés, empleado del gobierno, casado y con dos hijos. En estas radiografías se aprecia la cavidad craneal con casi todo el tejido cerebral desaparecido, solo quedaba algo de este en la periferia. Para empezar, ya era fuera de lo ordinario que siguiera vivo... Y no solo eso, llevaba, además, una vida normal, tanto en su trabajo, como con su familia y aunque las pruebas de inteligencia revelaron que estaba un poco por debajo del promedio, ¡el seguía teniendo consciencia de sí mismo!

Con solo un poco más del diez por ciento de su masa cerebral, al parecer era suficiente para seguir con sus sentidos, con sus funciones automáticas, como respiración, circulación, etc. ¿Cómo era posible que también siguiera pensando? y lo principal, que continuara teniendo consciencia de su identidad, cuando se suponía que estas funciones pertenecían a partes del cerebro que había perdido.

Se formularon varias teorías acerca de la plasticidad cerebral, etcétera. Nada resultó satisfactorio para explicar este extraordinario caso.

Aquí presento otra hipótesis que no se consideró. Al parecer todos tenemos un cuerpo astral que es una copia de nuestro cuerpo material, y es en este cuerpo astral donde reside nuestras alma o espíritu, nuestros pensamientos. Este cerebro astral o espiritual en aquel hombre seguía completo.

El convencimiento, por los sucesos que a continuación relato, de que tenemos un alma, espíritu o consciencia, y las preguntas que alguna vez la mayoría de nosotros nos hemos hecho acerca de nuestro yo espiritual, me impulsan a presentar la siguiente hipótesis a la que llamo: Simetría Interdimensional.

Los espíritus existen, están aquí con nosotros, no los vemos, no los percibimos; si lo hiciéramos afectaría grandemente nuestra conducta; al percatarnos de que somos observados no tendríamos intimidad, muchas de nuestras costumbres sociales tendrían que ser cambiadas.

Aunque son cientos de millones de individuos en el mundo que cree en su existencia; son también muchos millones los que la niegan.
Lo que no se ve, no se siente, no se puede tocar o percibir de otra manera; no existe, y aunque la Ciencia nos ha enseñado, nos ha hecho creer en muchísimas cosas que no pueden ser vistas; generalmente ha evitado estudiar a estos entes inmateriales, negando su existencia.

El hombre primitivo, ignorante de cómo ocurrían los procesos naturales, no podía menos que sentir temor ante algunos de éstos, sobre todo con los más violentos, tales como tempestades, rayos, huracanes, terremotos, etcétera. En medio de su ignorancia trató de explicar estos fenómenos por la intervención de fuerzas y voluntades sobrenaturales a los que llamó dioses. Uno de tales dioses, en muchas religiones tenía que ser el Sol, el más poderoso de los astros celestiales y del que depende la vida. Algunas veces su reinado era disputado por la Luna, que también se representaba como una diosa.

En algún momento todos estos fenómenos fueron encontrando una explicación natural, y desde luego, esta explicación amenazó muchas creencias religiosas. Los sacerdotes de estas, viendo su credibilidad comprometida, reaccionaron en forma violenta, castigando severamente a quienes se atrevieron a expresar otras ideas.

Un ejemplo clásico de este fanatismo es como la Iglesia Católica condenó a morir en la hoguera a Giordano Bruno, solo por atreverse a decir que las estrellas son otros soles, los cuales tienen sus propios planetas y que estos pueden tener sus propios habitantes. Esto a todas luces era contrario al relato de la creación en la Biblia.

La terrible sentencia se cumplía después de someter al condenado a varios días de tortura. Los sacerdotes creían, sinceramente, que estos tormentos eran por el bien del transgresor, pues obligándolo a arrepentirse salvaban su "**alma inmortal**" de ser quemada y torturada en el "infierno" por toda la eternidad.

¿Pero qué es el alma? Aunque algunos pudieran no estar de acuerdo, considero que el alma es lo mismo que nuestra consciencia o nuestro espíritu inmaterial.

Primero quiero compartir algunas experiencias

que tuve la fortuna de vivir, que me hicieron cambiar la forma en que trataba de pensar, que me abrieron los ojos y me convencieron de que los espíritus son reales, que están aquí y, aunque resulta extremadamente difícil, la ciencia debe empezar a tratar de estudiarlos o cuando menos a buscar la forma de entender una mínima parte de las características del mundo espiritual, del que, en realidad, también formamos parte.

¿Sobrenatural?

Repentinamente me vi rodeado de llamas y humo negro. Me encontraba con un soplete cortando el piso de un Honda Accord, ya había quitado los asientos y la carrocería.

Me habían aconsejado que antes de cortar la parte posterior, que junto con la porción delantera las injertaría a otro auto, quitara el depósito de la gasolina; lo que resultó una labor difícil, por lo que solo removí un tapón que permitía drenarlo; como nada salió, pensé que estaba vacío y procedí a trabajar con el soplete; solo que el tanque aún conservaba parte de su contenido.

Después de quitar el tapón, sin que me diera cuenta estuvo goteando gasolina durante varias horas, formando pequeños charcos en el piso que ahora se habían incendiado. Me asomé por debajo del carro. De donde había removido el tapón estaban saliendo llamas a gran velocidad, parecía un soplete más grande que el que estaba usando. Corrí por una manguera ya conectada y abriendo el grifo me acosté por debajo de lo que quedaba del auto, procediendo a mojar el tanque con el fin de enfriarlo y evitar que, con el calor del fuego siguieran formándose más gases que causarían una explosión, que haría que lo mismo ocurriera con los tanques del soplete: uno con capacidad de 30 kilos de gas licuado y el otro conteniendo oxígeno. No iba a quedar nada de la casa que acababa de comprar y que aún debía. Tal vez, incluso, hubiera destrucción en las casas vecinas, las cuales se encontraban unidas a la mía. Me harían responsable.

Luego percibí que, en la parte inferior del carro, la lámina estaba recubierta con un impermeabilizante a base de brea, y este también se estaba quemando, produciendo más humo negro; era difícil ver.

La cortina metálica de la entrada a la cochera se encontraba cerrada. Se oían golpes y gritos, aparentemente vecinos, al ver que salía tanto humo, trataban de entrar derribando una puerta metálica que se encontraba en la parte posterior de la cochera por la que se accedía a un patio. No lo lograrían, estaba muy reforzada... Se oyó un "pop" e, instantáneamente... Todas las llamas se extinguieron.

Las múltiples flamas que había en el piso, la brea quemándose, el chorro de fuego que salía del agujero donde quité el tapón para que drenara la

gasolina.
¡Todo se apagó simultáneamente!

Unos diez minutos después de que el fuego se extinguiera, oí sirenas y vehículos que se pararon por fuera de mi cochera. Me golpearon la cortina metálica y alguien gritó:
Somos los bomberos, ¿hay alguien adentro?
Sí -contesté-. ¡Todo está bien!
-Levante la cortina.
- No -grité-; no puedo, estoy casi desnudo; me quité la ropa para trabajar porque tenía calor y esta se incendió con las llamas del soplete, pero ya todo está bien.
-Déjenos entrar -insistieron-.
-No; les digo que no hay ningún problema.
Oí que conversaban entre ellos y luego se fueron. Entonces vi que las paredes y el techo de la cochera que estaban pintadas de azul se habían vuelto negras. Todo estaba cubierto de hollín.
Pensé, que tal vez los fuegos se sofocaron porque se agotó el oxígeno del aire, pero... ¿Por qué esta falta de oxígeno no me afectó? ¿y todo este humo que respiré sin sentir nada? siendo que el menor estímulo me provoca tos e incluso vómito.
Llegué a la conclusión que algo o alguien me ayudó apagando el fuego y tal vez también, evitando que el humo me afectara.

Procedí con la manguera a lavar las paredes; era domingo y el lunes tenía que abrir mi consultorio dental, cuya entrada estaba comunicada con la cochera.
Al día siguiente, la asistente de mi consultorio, una mujer de unos 45 años, de nombre María Jesús, me reclamó:
¿Por qué están las paredes así? ¿Qué quemó, de dónde salió tanto hollín? ¡Esto está peor que el interior de una chimenea!
-Tuve un pequeño incendio -le respondí-, y ella de mala gana, mientras murmuraba algo; con trapo, agua y jabón, se dedicó a continuar con la limpieza de las paredes.
Pensé: ¿así de negros me habrán quedado los pulmones?

Aunque resultó extraño que todos los fuegos se apagaran en el mismo instante. Es difícil asegurar sin que quede duda, que aquí intervino alguna presencia sobrenatural para evitar mi muerte. Lo podemos dejar como un hecho inexplicable.

Experiencias

Unos años después de lo que acabo de relatar, mientras atendía a un paciente, sentí un estremecimiento, una ola de aprensión, ¿temor? Dos días después iríamos a una casa medio campestre en San Pedro, población que se encuentra en los suburbios de Hermosillo. Nos habían invitado los dueños: Elsa Álvarez*, de 47 años y su esposo el Dr. Juan Miguel Cota* de la misma edad, a pasar ahí la noche para que comprobáramos que, en el transcurso de esta, en uno de los cuartos se oían ruidos como de alguien que estuviera cavando: un fantasma, dijeron. Mi hija Samantha, de 19 años, confirmó la historia. Ella había dormido ahí varias veces acompañando a sus primos: dos mujeres y un hombre, hijos de los Cota. Acepté la invitación diciendo que, aunque no creía en la existencia de fantasmas, iríamos para, en todo caso, pasar una buena velada celebrando el día de San Valentín.

Como a las dos de la tarde llegamos a la propiedad Roxana* de 52 años, quien entonces era mi pareja y yo, en aquel tiempo de 59. En el camino habíamos parado a comprar carne para asar y unas cervezas. Habría otros invitados que también llevarían comida y bebidas.

La finca consiste en un terreno de dos mil metros cuadrados, cercado con una pared de block de cemento de dos metros de altura. Centrada está la construcción principal, estilo español, con patio en medio, ocupado por una pequeña alberca vacía. Alrededor de la alberca, una banqueta como de tres metros de ancho y luego los cuartos, uno pequeño en una esquina, donde, supuestamente, se oían los ruidos.

En el patio, junto a un árbol, se había construido un asador para carne.

Llegaron otros invitados y conversando, disfrutamos de música, bebidas y comida, esperando la hora en que el fantasma haría sus ruidos, que sería después de las doce de la noche.

Tuve ocasión de contar, que de pequeño había visto dos veces, lo que creí que eran fantasmas: uno había sido una figura muy corpulenta, como de tres metros de altura, formada de luz rosa, que se desplazaba de una esquina de mi casa a la esquina de otra, una distancia como 40 metros... Iba y venía flotando en el aire.

El otro había sido el clásico fantasma: una figura blanca que caminaba despacio. Admito que también pudo haber sido alguna señora que salió de su casa, cubierta toda con una sábana blanca.

Ya de adolescente, escuché ronquidos que indicaban que los huéspedes del cuarto, en seguida del mío, se encontraban durmiendo; lo que me extrañó, pues era temprano. Después comprobé que no había habido nadie dentro de la habitación cuando oí los ronquidos.

Como en los tres casos había estado solo, todo pudo haber sido producto de mi imaginación. Decidí no creer en fantasmas. Que solo existía lo que se podía observar o medir, que no había nada que estuviera más allá de las leyes de la física.

Serían como las diez de la noche cuando me separé del grupo, dirigiéndome al cuartito, donde decían, se oían los ruidos. Este no tenía electricidad, pero llegaba luz del patio.

Para jugarme una broma, alguien decidió bajar los fusibles para apagar las lámparas. La entrada del cuarto quedó completamente negra; después de estar un momento titubeando en la puerta, me acobardé... Sentí que adentro había algo, y no entré.

Regresé con el grupo, reconectaron el fusible y alguien me preguntó si había entrado. Contesté que no, ¿no que muy valiente? me dijeron.

A las once y media de la noche anunció Elsa que ya podíamos entrar a esperar que se manifestara el fantasma.

Éramos seis personas, Roxana y su hermana se quedaron paradas en la puerta, oponiéndose a que esta se cerrara. Los otros cuatro nos sentamos en sillas colocadas cerca de las paredes, con una separación de unos dos metros una de otra, la mía estaba en una de las esquinas, junto a una ventana.
Se apagó la luz, en la obscuridad total procedimos a esperar.
Pasaron unos quince minutos sin que nada sucediera. Sintiéndome aburrido me puse a declamar el poema de Antonio Plaza, "A los muertos", que venía a la ocasión, contiene unos párrafos que pueden parecer ofensivos para aquellos, tales como:
"Podridos expedientes de gusanos, que formáis el archivo de la nada" o, "pero si polvo sois, qué el polvo sabe"
Pasados algunos minutos terminé el poema, Juan Miguel se había dormido, se oían sus ronquidos. Vi en mi reloj que ya eran las doce y media, dije:
¡Vámonos, aquí ya no hubo nada!

Terminando de decir "nada", sin transición estaba yo de pie, me había volteado hacia la ventana con las manos levantadas y las palmas hacia el frente, dirigiendo un poco la mirada hacia arriba… Estaba tratando de detener una presencia, grande, como de dos metros y medio que, aunque no podía verla; sentía que estaba ahí.

La obscuridad había cambiado a una claridad como de noche con luna llena... Se oían unos ruidos horribles, todo era muy desagradable, ansiaba que terminara. Extrañamente me pareció una situación que ya había vivido y hasta me recriminé: ¿cómo fui tan tonto que volví a caer? Pensé: debo tranquilizarme, que no me suba la presión arterial... Sentía que solo estábamos el fantasma y yo, los demás ya no importaban... Y seguí deteniendo a la presencia. Los ruidos continuaban, semejaban rugidos y gruñidos de perros peleando.

Se oyó un fuerte golpe a mis pies, pareció que el fantasma había pateado la ventana y después... Todo acabó.

Abrí los ojos, para mi sorpresa, seguía sentado con las manos apoyadas en mis piernas
¡En ningún momento me había levantado!
¡Sentí tan agradables la oscuridad y el calor de esa noche!
Traté de reprimir una sensación de victoria.
Roxana dijo:
José Antonio, ¿con quién peleabas? ¿por qué pateaste la ventana?
Juan Luna, uno de los presentes, contestó por mí:
-El señor no se levantó de su silla, yo lo hubiera visto, la escasa luz que entraba por la ventana hubiera sido suficiente.
El Dr. Castro, un oftalmólogo dijo:

A mí no me gusta esto, mejor me voy.... Y a paso rápido abandonó la habitación sin despedirse de nadie. Pudimos oír que encendió su vehículo y se alejó.

Salimos todos y mientras comentábamos los hechos, yo seguí tratando de reprimir la sensación de triunfo, continuaba sintiéndome como que había ganado una pelea, y eso me parecía arrogante. Me preocupaba que ese sentimiento hiciera enfurecer al fantasma.

Después de unos quince minutos decidimos entrar de nuevo. Sentíamos que debíamos demostrarle al espíritu que no le teníamos miedo. Sin embargo, esta vez no nos atrevimos a apagar la luz. Después de unos diez o quince minutos sin que nada ocurriera, empezó a sentirse frío. Súbitamente, de manera inexplicable, la temperatura había bajado. Decidimos irnos. Al empezar a alejarnos se oyó un golpe en una ventana, no muy fuerte, ¿sería el fantasma, o una contracción de los materiales por el cambio de temperatura? quien sabe, pero nos pareció que el espíritu nos reclamaba que nos fuéramos.

Conduciendo por la carretera de regreso a casa, mientras pasábamos por la parte más alta de un puente que hace curva, me sentí muy vulnerable. Si el fantasma decidiera atacarme de nuevo, seguramente me saldría del puente, cayendo y tal vez matándonos.

También debo confesar que, por varios años, no me atreví a volver a declamar el citado poema "A los muertos".

Otros hechos sobrenaturales

Domingo 1o. de marzo 2009. Los Cota nos invitaron de nuevo. Llegamos a su propiedad en la tarde. Elsa y su esposo nos contaron que el fin de semana anterior, acababa de ponerse el sol, cuando Juan Miguel quiso abrir el cuartito donde originalmente oían los ruidos como de alguien cavando. Introdujo la llave en la cerradura, oyendo en ese momento que por dentro se colocó el seguro que impide abrir la puerta. Siguió insistiendo con la llave, cuando se oyó un fuerte golpe que estremeció toda la casa. Dijo Elsa que vio que Juan Miguel se puso muy pálido y mejor se fueron.

Al día siguiente por la mañana regresaron, Juan Miguel logró abrir una ventana, entró por ésta, y efectivamente, la puerta tenía puesto el seguro. Esto solo se puede hacer desde el interior.

Sábado 28 de marzo de 2009. De nuevo estuvimos en la casa de San pedro. Como era costumbre, asamos carne, tomamos cerveza y oímos música; evitando en todo momento hacer algo que provocara al fantasmal inquilino.

A las once de la noche llegamos de regreso a nuestra casa en Hermosillo. Abrí la cerradura de la puerta para entrar, pero esta estaba bloqueada con algo, (en México casi todas las puertas de las casas se abren hacia adentro), tuve que hacer un esfuerzo y empujar. Resultó que alguien había movido un pequeño mueble de madera que teníamos a un lado de la puerta, impidiendo la apertura de ésta. No había ninguna señal de que alguien hubiera podido entrar a la casa. El mensaje de nuestro inmaterial personaje era claro:

"Si ustedes pueden ir a mi casa, yo también puedo venir a la suya".

Jueves 9 de abril de 2009. Arribamos a la casa de San Pedro, habíamos acordado que ahí pasaríamos los días feriados: jueves, viernes, sábado y domingo de Semana Santa. Las únicas novedades que tenían los Cota fue que dos veces, en días seguidos, encontrándose Juan Miguel sentado oyó y sintió que casi era arrollado por alguien que empujaba una carretilla de las que usan los albañiles y que Elsa, mientras caminaba por el patio, oyó una voz atrás de ella que le decía psst, psst, indicándole que volteara, cosa que ella no hizo.

Sábado 11 de abril de 2009. Teníamos dos días en San Pedro durante los cuales no había ocurrido nada notorio.

Esa noche nos acostamos a dormir en colchones que colocamos en el piso. Yo lo hice pegado a la pared, en seguida Roxana, luego su hermana y seguiría Juan Miguel; pero este, prefirió dormir en un sofá al lado.

Durante la noche me despertaron varias veces unos fuertes ronquidos o rugidos, pero cuando ponía atención dejaba de oírlos.

Nos levantamos como a las nueve de la mañana, al salir Juan Miguel nos dijo que él lo hizo a las seis, porque a las cinco lo despertaron unos muy feos ronquidos; entonces Roxana, y Elsa dicen que ellas también los oyeron y que les dio mucho miedo. Elsa afirmó que los oía junto a ella, donde se suponía que iba a dormir Juan Miguel.

Bueno, esto fue inofensivo, al parecer el fantasma estaba aceptando nuestra presencia; incluso se acostó con nosotros y trato de roncar, como seguramente Juan Miguel y yo lo estábamos haciendo. ¿Quería hacerse nuestro amigo?

Sábado 25 de abril de 2009. Había llegado a visitarnos, procedentes de Tijuana B.C. mi hermana Susana de 55 años, acompañada de uno de sus hijos Mauricio de 20. También llegó mi Hija Zuley de 27, en compañía su novio Afsheen, de 28, ambos estudiaban su doctorado en la Universidad de Stanford, en California.

Todos estaban muy entusiasmados con la idea de estar en una casa donde habitaba un fantasma. Mi Hija Zuley fabricó una tabla ouija y en compañía de Afsheen, mi sobrino Mauricio y los tres hijos de los Cota, se dedicaron toda la tarde a tratar de comunicarse con el espíritu; como no lo lograron, me reclamaron: ¿cuál fantasma?

Para que no se decepcionaran, con cierta aprensión me dirigí al espíritu, invitándolo respetuosamente, a que se manifestara. Me sentía ridículo hablándole a algo que no veía. Luego ellos siguieron tratando de comunicarse. Desistieron cuando apareció un alacrán al que le aventaron la ouija.

A las doce de la noche todos estábamos acostados en colchones en el suelo, en la misma habitación donde tuve la horrible experiencia de sentirme fuera del cuerpo. No era una noche oscura como aquella vez.

Los jóvenes, que como dije, tenían deseos de una experiencia paranormal, estuvieron llamando al fantasma, al tiempo que se carcajeaban; como nada sucedía, alguien dijo "fantasma marica" y siguieron las risas. En cambio, yo estaba muy preocupado, temía que el fantasma me culpara por ser quien trajo a esos irrespetuosos.

Al día siguiente, ya con el sol oculto, nos fuimos todos de San Pedro, excepto Zuley y su novio, que seguían con mucha curiosidad y decidieron quedarse a dormir ahí. Al otro día en la mañana fui por ellos. Nada anormal les ocurrió durante la noche. Estaban algo frustrados, yo sentía comprometida mi credibilidad.

Miércoles 29 de abril de 2009. Todos nos fuimos a una casa en la playa de Bahía Kino. Esta pertenecía a un médico cirujano recién fallecido, Juan Miguel pagó alquiler a la viuda por dos días.

La construcción tenía dos recámaras, en cada una había una litera, en la parte inferior podían dormir tres personas y dos en la superior: cinco por recámara. Una fue ocupada por los Cota o sea Juan Miguel, Elsa y sus hijos, Itzolda* Irasema* y Martín*. En la otra se quedó mi hija Zuley, su novio Afsheen, mi hija menor Samantha, mi Hermana Susana y su hijo Mauricio.

Cerraron las puertas. Roxana y yo nos acostamos en un tendido en el suelo de la sala, como a un metro de la puerta de entrada.

Serían como las tres de la mañana cuando Roxana me despertó, diciéndome que había perros peleando en el patio; y sí, oí los ruidos y gruñidos. Me levanté, encendí la luz, abrí la puerta pensando que los perros estarían disputando algún residuo de comida en el asador, localizado como a unos 8 metros. Pero no vi nada. Ningún perro... A pesar de esto, los ruidos y gruñidos se fueron acercando, entraron a la casa, pasaron por mi derecha pegados a la pared, como a 50 cm del piso. Me agaché siguiendo esos sonidos, pero, quien los producía era invisible.

Los ruidos siguieron, cruzaron el pasillo que comunicaba a las recámaras, luego se escucharon atrás del fregadero de la cocina, abrí la puerta de este y los ruidos se pasaron al refrigerador que estaba en seguida; abrí su puerta...Los ruidos se oyeron arriba, en el congelador, también lo abrí... Los sonidos descendieron al motor.

Sintiéndome confundido y pensando, irrazonablemente, concluí después, que los ruidos los hacía el motor del refrigerador; regresé a acostarme sin apagar la luz. El ruido seguía, era muy desagradable, y durmiéndome me pregunté, ¿cómo la viuda podía conservar tal refrigerador que hacía ese ruido tan feo? pero, si de día persistía ese horrible sonido, el motor sería el culpable. En caso contrario, habría sido el fantasma.

Después de un rato, contra toda lógica, me dormí.

No debió haber pasado mucho tiempo, cuando fui despertado por un sonido fuerte, como de una explosión, casi di un salto... Fue su despedida. Me volví a dormir. Estuve soñando que les contaba a los demás que había venido el fantasma.

Cuando nos levantamos, Roxana y yo les platicamos a los demás lo ocurrido. Elsa dijo que ella sí había oído, pero que trató de no hacer caso; le preocupaba que el fantasma se diera cuenta de que estaba despierta. Su hijo Martín comentó, que estaba durmiendo en el suelo y sintió que alguien estaba acostado junto a él, por lo que se levantó y subió a la cama, a un lado de sus padres.

Desde luego, pensé que el fantasma nos siguió desde San pedro a la casa donde estábamos, una distancia como de 140 kilómetros, debido a las burlas de que fue objeto allá.

Debo aquí decir que mi conclusión y la de Roxana, fue que el fantasma controló de algún modo nuestras mentes. Nos pareció extraño que mientras oíamos esos ruidos sobrenaturales, nos hayamos vuelto a dormir. Lo normal habría sido que nos sintiéramos muy nerviosos, se nos hubiera acelerado el corazón, y para nada nos habríamos dormido. Si el fantasma manejó de alguna forma mi mente, parece que ahora no me defendí, como me quedó la impresión de que lo hice la primera vez en San Pedro.

Actualmente ya pasaron varios años. No he sabido de ninguna nueva manifestación.

No quedó duda de que algo que no podíamos ver estuvo en contacto con nosotros; sobre todo, el primer día, cuando éramos seis personas. Si hubiera estado solo, podía pensarse que todo había sido producto de mi imaginación, tal como les pasa a quienes padecen de esquizofrenia, que oyen voces y ven personas que solo existen en su mente.

Esta inteligencia, este ente; lo que haya sido, fue invisible para nosotros; aunque fue capaz de emitir ruidos desagradables y simular ronquidos.
Podía, sin embargo, mover objetos físicos, como lo hizo cuando colocó el pequeño mueble que bloqueaba la puerta de entrada a nuestra casa y cuando puso el seguro de la cerradura en un cuarto en la casa de San Pedro.

Este ser podía entender nuestras palabras y reaccionar en consecuencia: demostró inteligencia.
Este espíritu era susceptible. El primer día se enfureció conmigo por mi actitud desafiante o de incredulidad. Recordemos que fue cuando dije: "¡Vámonos, aquí ya no hubo nada!", lo que desencadenó el primer "ataque".
Esta susceptibilidad demuestra que no es un espíritu superior, si no el de una persona común. Alguien "superior" no se molesta, ni caso hace de lo que expresen seres inferiores, tal como a nosotros

no nos importa lo que piensen las hormigas, en caso de que estas tuvieran esa capacidad.

Si no era un espíritu, ¿qué podía haber sido? ¿alguien del futuro o de otro planeta que, con una tecnología más adelantada nos estaba observando y quiso jugarme unas bromas? Muy poco plausible, ¿quién se iba a tomar tantas molestias con alguien sin importancia? y suena más fantástico que aceptar lo que tantos millones de personas creen: que los espíritus existen.

Este espíritu, que creo que lo era, no acudía cuando alguien trataba de comunicarse con él. No se prestaba a ser objeto de curiosidad o investigación. No se presentó cuando lo estaban invocando con la ouija, ni se les manifestó a Zuley y su novio cuando se quedaron a dormir una noche en la casa de San Pedro, lo hacía cuando él así lo decidía y con quien quería. No permitía que lo trataran como juguete.

Es creencia de mucha gente, que un alma permanece en "este mundo" después de muerto el cuerpo, porque tiene "asuntos pendientes", ya sea que tenía mucho amor por algo material, como dinero, joyas, propiedades, o tal vez seres que no quiere dejar desamparados porque siente que lo necesitan, como podía ser el caso de una madre con su hijo. También podría ocurrir que tiene mucha furia por algún motivo, como ejemplo: haber sido asesinado; o teme irse a dónde debe porque cree que será juzgado y castigado... No puede abandonar este plano hasta que perdone y se perdone.

De lo que no me quedó duda es que los espíritus o seres inmateriales existen y por esto le estoy profundamente agradecido a quien haya sido con el que tuve contacto. Demostró que tenía cierto enojo, sobre todo conmigo por mi actitud desafiante o de incredulidad, y con los Cota, por haberse ido a vivir a la casa en que habitaba. Pero nunca nos hizo ningún daño.

¿De dónde vienen las almas o espíritus?

Desde el punto de vista religioso tenemos dos explicaciones:

1.- Hay un depósito de almas hecho por Dios en el cielo o en algún lugar.
Esta creencia tiene el inconveniente de que tendría que ser un depósito con un número grandísimo de almas.
No me parece justo; presenta el inconveniente de que algunas almas necesitarían esperar, tal vez ansiosas o "dormidas", miles de millones de años para encarnar y aunque el tiempo no pase para ellas, algunas pudieran nunca hacerlo.

2.- Dios hace el alma al momento de la concepción, en alguna etapa del desarrollo del embrión o feto o al momento de nacer.
Tampoco parece lógica esta intervención constante de Dios. Si creemos que Él hizo el

Universo, también creó las leyes naturales para que no se requiera su perpetua participación, y si de algún modo lo hace, no será en todo momento, pues con los milagros estaría violando sus propias leyes.

Si no somos religiosos, el término "alma" podría ser sustituido por nuestra "consciencia", entonces se hace menester enfocar este asunto desde el punto de vista científico y resolver el misterio del mismo modo que se ha hecho con el origen de la vida y las leyes de la física.

Para tratar de entender lo que es nuestra consciencia, primero necesitamos comprender, aunque sea un poco, lo que es la realidad; una tarea nada fácil, para la que conviene recordar algunos de los descubrimientos científicos.

En la siguiente parte haremos un breve repaso.

Parte 2

Bases científicas

Relatividad Especial

A finales del siglo diecinueve se descubrió que la luz es un componente del espectro electromagnético, el cual está formado, de acuerdo con su mayor energía por: rayos gamma, que también son los que tienen mayor frecuencia y menor longitud de onda, le siguen los rayos X, luz ultravioleta, luz visible, luz infrarroja, microondas, onda de radio cortas y largas.

La frecuencia es el número de ondas que pasan por un punto en un segundo y la longitud de onda es la distancia entre dos puntos iguales de la onda. Si multiplicamos la frecuencia por la longitud, nos da la velocidad de la luz en el vacío: 299,792,458 metros sobre segundo. La frecuencia y la longitud pueden variar, pero esta velocidad no. De acuerdo con la Teoría de la Relatividad de Einstein, es una constante de la Naturaleza.

Imaginemos que estamos en una carretera viajando a 100 km por hora y otro automóvil viene en sentido contrario también a 100 km. por hora. Los dos carros se acercan uno a otro con una velocidad combinada de doscientos km/h. Las velocidades se sumaron

Otro caso: Un vehículo nos rebasa porque va a una velocidad de 150 km/h, como nosotros viajamos a 100 km/h, vemos que este auto se aleja del nuestro con una velocidad de 50 km/h. Aquí las velocidades se restaron.

Lo mismo sucede con el sonido. La velocidad del ruido que hace un motor se incrementa conforme nos acercamos y disminuye al alejarnos.

Si aceleramos a más de 343 metros sobre segundo, que es la velocidad del sonido en el aire, alejándonos del motor, su sonido nunca nos alcanzará.

Los ejemplos anteriores son fáciles de entender. Caso diferente es el de la luz.

Estando en reposo medimos la velocidad de un

rayo de luz, vemos que es de 300,000 Km/s, redondeando la cifra.

Pensemos que estamos viajando en una nave espacial, a una velocidad de 150,000 km/s, medimos la velocidad de un rayo de luz nos llega de frente, tal vez procedente de una estrella. El resultado de nuestra medición sigue siendo de 300,000 Km/s. La velocidad de nuestra nave y la del rayo de luz no se sumaron.

Ahora medimos la velocidad de otro rayo de luz que nos alcanzó por detrás, comprobamos que de nuevo lo hizo a 300,000 Km/s. La velocidad de nuestra nave no se restó.

No importa si nos acercamos o nos alejamos de la fuente de luz, esta siempre nos alcanza con la misma velocidad de 300,000 Km/s. No hace diferencia que incrementemos la velocidad de nuestra nave a 299,000 km/s, la luz continúa alcanzándonos a 300,000 km/s.

Para la luz es como si siempre estuviéramos en reposo.

1905 fue, tal vez, el mejor año para el joven de 26 Albert Einstein, en ese período publicó cinco trabajos científicos, todos merecedores del premio Nobel, pero fue la llamada Teoría Especial de la Relatividad, basada en trabajos anteriores de

Henri Poincaré y Hendrik Lorentz, la que más contribuyó
al entendimiento de cómo funciona el Universo. En 1907, fue explicada un poco mejor por Hermann Minkowski, quien había sido profesor de Einstein y quien el 21 de septiembre de 1908, ante los asistentes a una reunión científica, pronunció
lo que ahora es célebre:

"Las ideas sobre el espacio y el tiempo que deseo mostrarles hoy descansan en el suelo firme de la física experimental, en la cual yace su fuerza. Son ideas radicales. Por lo tanto, el espacio y el tiempo por separado están destinados a desvanecerse entre las sombras y solo una unión de ambos puede representar la realidad".

De lo anterior se entiende que no existe solo el espacio con sus tres dimensiones, sino que la realidad es el espacio tiempo, con cuatro dimensiones: las tres del espacio y la cuarta, que es la del tiempo, y todos estamos viajando en el espacio-tiempo a una velocidad constante de 299,792,458 metros sobre segundo. Nada puede exceder esa velocidad.

La luz viaja en el espacio a la velocidad de 299,792,458 m/s, por lo tanto, ya no le queda ningún margen para viajar en el tiempo sin exceder esa velocidad.

Aunque hubieran transcurrido trillones de años, para la luz no habrá sido ni un instante; al no viajar en el tiempo, para ella el Universo acabaría súbitamente.

Nosotros, cuando estamos en reposo en el espacio, o dicho de otro modo, en las tres dimensiones espaciales, todo nuestro movimiento es en el tiempo a la cifra redondeada de 300,000 km/s. Al empezar a viajar en el espacio, vamos disminuyendo nuestra velocidad en el tiempo. Debido a esto es que seguimos percibiendo que la luz nos alcanza a 300,000 km/s.

Nuestra velocidad en el espacio-tiempo siempre será de trescientos mil kilómetros sobre segundo, sin poder excederse, pero tampoco disminuir.

¡Un momento! -dirá alguien- "¿cómo es eso de que viajamos en el tiempo a 300,000 Km sobre segundo? los kilómetros no son unidades para medir el tiempo" y tendrá razón.

Mejor usaremos el término kilómetro luz, que es el tiempo en que la luz recorre un kilómetro. Siempre estamos viajando en el tiempo a razón de 300000 kilómetros luz sobre segundo: un segundo dividido en 300000 se convierte en un kilómetro luz.

La suma de los kilómetros luz, como unidad de tiempo y los kilómetros como unidad de longitud debe ser igual a 300,000 sobre segundo

La luz viaja a 300000 km/s en el espacio y cero kilómetros-luz en el tiempo; la suma de estos dos da 300000.

Nosotros, al estar en reposo, viajamos a una velocidad de 300000 kilómetros luz sobre segundo en el tiempo; al viajar en el espacio, disminuye proporcionalmente nuestra velocidad en el tiempo, la suma de las dos sigue siendo la misma cifra de 300000 sobre segundo

Cuando Einstein publicó esta Teoría, le llamó "invariance", porque la velocidad de la luz es invariable. Einstein explicó que para cualquier "marco de referencia", sin importar la velocidad a la que el observador se moviera, siempre iba a obtener la misma velocidad para la luz. La Naturaleza debe ser igual para todos, independientemente de su velocidad.

El tiempo y el espacio absolutos de Newton pasaron a ser "relativos", al igual que el movimiento e incluso el tamaño de los cuerpos, ya que estos disminuyen su longitud en relación con la dirección de su movimiento. Se le llamó Teoría de la Relatividad y sus postulados de que el espacio y el tiempo no son los mismo para todos los observadores es difícil de entender, resulta contraria al sentido común.

La unión que hizo Minkoswki del espacio y el tiempo en un "espacio-tiempo" de cuatro dimensiones explica claramente que el espacio y el tiempo solo son relativos y difíciles de comprender si se toman por separado. En la Teoría General de la Relatividad, que Einstein publicó en 1915 y que incluye la gravedad, solo se habla del espacio-tiempo.

Otro modo de ver la Teoría Especial de la Relatividad es que al aumentar la velocidad con la que viajamos, sobre todo al acercarse a la velocidad de la luz, las longitudes se acortan, disminuye la de nuestra nave, pero también la distancia que estamos recorriendo. Si alcanzáramos la velocidad de la luz, la distancia se acortaría a cero. Podríamos detenernos, y en lo que para nosotros no fue nada de tiempo, habríamos llegado al final del Universo.

De lo anterior se concluye, que el tiempo y el espacio no son fijos, que dependen ambos de cómo los observamos, si estamos en reposo o viajando a velocidades lumínicas.

Si el **tiempo y el espacio** cambian, de acuerdo a como son observados, puede decirse entonces, que **no son reales**.

Es fácil entender que, si viajamos a una velocidad cercana a la de la luz, el tiempo para nosotros pasa más lentamente debido a que, al aumentar nuestra velocidad en el espacio, la disminuimos en el tiempo, para seguir viajando en el espacio-tiempo a 300,000 km/s.

De cualquier modo, yo no podía comprender que, si estamos viajando en una nave espacial a una velocidad de 299,000 kilómetros sobre segundo y un rayo de luz nos llega de frente con una velocidad de 300,000 km/s, sin que nuestras velocidades se sumen; o que nos alcance por detrás, sin que la velocidad de nuestra nave se reste.

Ahora que, si el tiempo y el espacio no son reales pues cambian de acuerdo a cómo son observados, entonces también podemos concluir que la velocidad y el movimiento de nuestra nave tampoco son reales... Y se acabó la dificultad para entender por qué la luz siempre nos llega de todas direcciones a la misma velocidad, sin importar que nos estemos acercando o alejando de la fuente que la emite.

Nuestro movimiento y velocidad no pueden ser reales si suceden en un espacio y tiempo no reales. Es por ello que, para la luz, siempre estamos en reposo.

Otra interesante conclusión de la teoría especial de la relatividad fue que ningún cuerpo con masa puede alcanzar la velocidad de la luz, pues para acelerar la masa se requiere aplicarle un impulso, este es una forma de energía y la energía, igual que la masa, no se crea ni se destruye, solo se transforma. Lo que pasa es que la energía que estamos aplicando a la masa para acelerarla, se está convirtiendo también en masa y esta masa procedente de la energía está incrementando la masa del cuerpo que se quiere acelerar, por lo que cada vez requiere de mayor energía para acelerarlo, lo que al mismo tiempo vuelve a incrementar la masa del cuerpo que se pretende acelerar. Y así hasta el infinito.

La ecuación que describe lo anterior es: $M=E/C^2$ (Masa es igual a energía entre velocidad de la luz al cuadrado).

Y de ahí se despeja la más famosa ecuación de Einstein: $E=MC^2$ (energía es igual a la masa por la velocidad de la luz elevada al cuadrado).

Esta ecuación no solo dio origen a la bomba atómica, también nos explica cómo funciona el Sol y todas las estrellas: Cuatro átomos de hidrógeno procedentes desde los tiempos en que se formó el Universo, se están fusionando para dar origen a uno de helio, el cual pesa menos que los originales cuatro de hidrógeno. Este pequeño faltante se transforma en energía, de acuerdo con la célebre ecuación.

Esta Teoría de la Relatividad fue llamada "especial" porque no incluía a la gravedad, de hecho, estaba en desacuerdo con la Ley de la Gravitación Universal de Newton, ya que en esta los cuerpos se atraen con una fuerza "instantánea", por ejemplo, supongamos que por una misteriosa razón el Sol desapareciera; entonces dejaría de ejercer atracción sobre la tierra y esta de inmediato saldría disparada del sistema solar a causa de los efetos centrífugos.

Para Einstein y su Teoría, nada puede viajar en el espacio más rápido que la luz. Tendrían que pasar más de ocho minutos desde la desaparición del Sol para que a la Tierra le ocurriera ese destino. Una de las dos tenía que estar equivocada. El genio de Newton nunca había podido explicar en qué consiste esa fuerza con la que los cuerpos se atraen. Estaba claro que el siguiente trabajo de Einstein era encontrar la naturaleza de esa "fuerza" y formular una teoría que la incluyera.

El pensamiento más feliz de Einstein

Ahora Einstein, en lugar de imaginarse que iba montado en un rayo de luz, siguiendo o siendo alcanzado por otro, como lo hizo para formular la Teoría Especial de la Relatividad. Esta vez supuso que iba en el interior de un elevador que estaba ascendiendo, entonces comprendió que igual pudiera estar viajando en una nave que estaba acelerando en el espacio, fuera del alcance de la gravedad. El solo sentiría ser atraído hacia el piso, pero sin contacto con el exterior, no tendría forma de saber si en realidad estaba en el campo gravitatorio de un planeta.

Luego imaginó que el elevador se soltaba y empezaba a caer. Dentro del elevador él solo siente que la gravedad desapareció y otros objetos flotan junto con él. En realidad, no puede diferenciar si se encuentra en caída libre o dentro de una nave fuera de un campo gravitatorio, la cual no está acelerando.

De estos experimentos mentales Einstein concluyó que gravedad y aceleración son equivalentes. Este "principio de la equivalencia" le permitió deducir que los objetos materiales curvan el espacio. Entre más masa posea el objeto, mayor curvatura provocará en el espacio. Igualmente, la aceleración de los cuerpos da lugar a una curvatura del espacio por donde estos se mueven. De este modo Einstein entendió cómo funciona la gravedad, lo que le permitió publicar en 1915, la Teoría General de la Relatividad. Esta teoría tuvo su primera prueba en 1918, cuando un eclipse permitió observar una estrella que en ese momento se encontraba del otro lado del Sol, por lo que no hubiera podido ser vista; pero su luz fue desviada al pasar por el espacio curvo producido por el Sol y esto permitió que fuera observada.

Otra predicción de la Teoría General de la Relatividad es que cerca de los cuerpos masivos el tiempo transcurre más lentamente, pudiendo, incluso, llegar a detenerse, como sucede en el horizonte de sucesos de un agujero negro, del que hablaremos adelante.

Las predicciones de la Teoría de la Relatividad, tanto de la Especial, como de la General, se han comprobado una y otra vez: como un ejemplo tenemos el sistema de posicionamiento global o GPS y otros similares que nos permiten saber en qué lugar del planeta estamos en cualquier momento. Estos sistemas funcionan por medio de satélites, los cuales reciben nuestra señal en varios de ellos; hacen una triangulación y toman en cuenta la diferencia de tiempo en que cada uno de cuatro satélites recibió dicha señal y así detectan nuestra posición en la superficie de la tierra con muy alta precisión. Para lograr esto, cada satélite cuenta con un reloj interno. Pero he aquí que estos relojes se adelantan en relación con los que se encuentran en la superficie de la tierra, todo esto de acuerdo con la Teoría General de la Relatividad de Einstein que predice que, en la superficie de la Tierra el tiempo pasa más lento que a 250 Kilómetros de altura. Desde luego, en este caso la diferencia sería imperceptible, pero hay que tomarla en cuenta y hacer las correcciones necesarias, de lo contrario, este sistema no funciona.

La teoría de la Relatividad tiene importancia aquí, porque nos permite darnos cuenta que la realidad no es como la percibimos, puede haber muchas cosas contrarias a nuestra intuición. Nuestros sentidos nos dan una imagen del Universo, pero no es para nada una imagen completa.

La materia comprimida

El ejemplo más extremo de la compresión de la materia por la acción de la fuerza de gravedad son los agujeros negros, en estos y sobre todo con lo referente al horizonte de sucesos, la mente humana está conociendo algo que parece tan lejano, tan esotérico, que entender a los espíritus puede ser una tarea más sencilla.

Es fácil comprender cómo se forma un agujero negro, solo tenemos que recordar la Ley de la Gravedad de Newton, que dice:
"Todos los cuerpos se atraen entre sí, con una fuerza que es directamente proporcional a su masa e inversamente proporcional al cuadrado de su distancia".

Un ejemplo sencillo es: Imaginemos que, en el espacio, alejados de cualquier otra masa, dos estrellas situadas a cien millones de kilómetros una de otra, cuyos centros se están atrayendo entre sí con una fuerza de 100 X, si aumentamos su separación al doble, la fuerza con la que se atraen disminuye a la raíz cuadrada de 100, baja a diez X.

Si en lugar de alejarlas, las acercamos a la mitad, su atracción aumenta al cuadrado de 100 o sea a 10,000 X.
Ahora imaginemos que volvemos a acercarlas otro 50 por ciento, entonces la atracción entre sus centros aumenta de nuevo al cuadrado o sea a...
Pronto comprendemos que, conforme seguimos disminuyendo su separación a la mitad, la atracción entre sus centros tiende a infinito. Bueno, es solo un ejemplo, en realidad con la fuerza de atracción incrementada, pronto las dos estrellas se acercan una a la otra con mucha velocidad, uniéndose en una sola

La Ley de la Gravitación Universal de Newton falla cuando se trata de objetos tan masivos como los agujeros negros y es la Teoría General de la Relatividad de Einstein la que se debe aplicar. Pero con Newton tenemos una buena aproximación, que resulta más fácil entender.

Debemos recordar que los átomos de que está compuesta la materia están formados por un núcleo y los electrones "girando" muy alejados de este. Aunque el átomo es casi puro espacio vacío, mantiene sus límites con otros átomos debido al campo electromagnético producido por sus protones y electrones que lo encierra en una" burbuja". Los neutrinos y tal vez las partículas que forman la materia obscura, que no interactúan con la fuerza electromagnética, traspasan sin ningún problema esa "burbuja", pudiendo viajar a través de los átomos e incluso de un planeta como la Tierra o más grande, solo serían detenidos o desviados si chocan con un electrón o con un núcleo, lo que es muy difícil.

En un planeta del tamaño de la tierra, la fuerza de gravedad ejerce poca influencia dentro del átomo. En el Sol es diferente, siendo 333,000 veces más masivo que la Tierra, es su horno nuclear, que con el calor y demás energía que produce, contrarresta la enorme fuerza de atracción de su gravedad. Cuando este horno nuclear se apague por agotamiento de su combustible, cuando ya no haya elementos ligeros transformándose en elementos más pesados y liberando energía en el proceso, lo que ocurrirá en unos cinco mil millones de años; entonces la fuerza de gravedad de su enorme masa hará disminuir el espacio dentro del átomo. Una vez que los electrones estén más cerca unos de otros, debido a que todos tienen carga eléctrica negativa y las cargas con signos iguales se repelen, ahí cesará el encogimiento del Sol. Este alcanzará a contraerse al tamaño de la Tierra, pero cada litro de su masa pesará 333,000 veces más que un litro de masa promedio terrestre.

El Sol se transformará en una estrella llamada "enana blanca". Ese será su destino.

Estrellas de neutrones

Pueden formarse cuando menos de dos modos: Si una estrella enana blanca y una estrella normal se aproximan, la enana blanca empieza a absorber masa de su compañera incrementando la suya; cuando llega a 1.39 veces la del Sol, la repulsión entre electrones ya no puede compensar el aumento de la fuerza gravitatoria. Los electrones se unen a los protones formando neutrones y estos, no teniendo carga eléctrica se acercan unos a otros. Los átomos desaparecen quedando solo neutrones y otras partículas.

De tener la enana blanca un tamaño similar a la Tierra queda reducida a una esfera con un diámetro de poco más de diez kilómetros. Un centímetro cúbico de esta estrella pesaría cientos de millones de toneladas.

El otro modo en que se forma una estrella de neutrones es cuando a una estrella unas ocho veces mayor que nuestro Sol se le agota el hidrógeno y en su lugar empieza a transformar el helio en elementos más pesados, lo que produce una mayor liberación de energía. La estrella amarilla crece transformándose en una gigante roja. Después también el helio se termina y otros elementos son transformados en átomos con mayor masa y número atómico. La energía obtenida continúa manteniendo el horno nuclear encendido y así sucesivamente hasta llegar al hierro.

A partir de este elemento, para que los átomos puedan seguir fusionándose se requiere proporcionar energía. El horno nuclear se apaga, la fuerza de gravedad ya no puede ser contrarrestada. El núcleo de la estrella formado casi exclusivamente de hierro implosiona dando lugar a una estrella de neutrones. Las capas externas de la estrella explotan, se forma una supernova la cual brilla tanto como una galaxia, y en este acto, por poco tiempo, hay energía disponible para que los átomos más pesados que el hierro puedan formarse.

Agujeros negros

Estos pueden originarse de varios modos: El primero cuando una estrella de neutrones incrementa su fuerza de gravedad como consecuencia del aumento de su masa debido a la absorción de materia proporcionada por alguna estrella cercana, esto produce que los neutrones y protones se hagan más pequeños, los quarks, que son las partículas de que están compuestos, son comprimidos y se forma una avalancha que ya no puede ser detenida. El tamaño de la estrella tiende a cero. La fuerza gravitatoria a infinito. Aparece lo que se conoce con el nombre de "singularidad", aquí se colapsan todas las leyes de la física; pero antes se forma un límite que marca el punto de "no retorno", donde la fuerza de gravedad es tan intensa que no deja escapar nada. Todo lo que lo atraviesa ya no regresa, ni siquiera la luz. Este límite se llama horizonte de sucesos y cubre a la singularidad aislándola del resto del Universo.

El segundo modo que da origen a un agujero negro es cuando colapsa una estrella mayor a diez masas solares, el núcleo de esta es más grande al que origina la estrella de neutrones: El colapso gravitatorio continúa.

Una tercera forma es cuando chocan dos estrellas de neutrones, las que al fusionarse producen la masa comprimida suficiente para originar el citado agujero.

Un cuarto método es el que se cree dio origen a los agujeros negros supermasivos que se encuentran en el centro de las galaxias. Estos se formaron a partir de las compactas y gigantescas nubes de gas que existieron cuando el Universo era muy joven. El colapso gravitatorio de estas nebulosas también dio origen a las estrellas de primera generación, las cuales tenían una masa promedio de más de cien soles.

Entre más grande es una estrella, sus reacciones nucleares son más rápidas, su brillo más intenso, lo que ocasiona que solo persistan unas decenas de millones de años, (en comparación para nuestro Sol, desde su nacimiento hasta que se convierta en enana blanca, pueden pasar más de nueve mil millones de años). Estas estrellas masivas terminaron su ciclo explotando como las más brillantes supernovas, dando origen a agujeros negros, pero también esparciendo a través del espacio los elementos en ellas formados, que hicieron posible la aparición de la vida.

Singularidades

Hay científicos que creen que el Universo se originó de la nada y actualmente sigue siendo nada, pues está formado por energía positiva que produce la materia, de acuerdo con la fórmula de Einstein y que se contrarresta exactamente con la energía negativa representada por la fuerza de la gravedad, siendo cero la suma de las dos.

Otros, en cambio, piensan que toda la materia del Universo estuvo concentrada en un punto de densidad infinita llamado "singularidad". Estas mismas se encuentran en el centro de un agujero negro. Un punto, que por definición tiene un tamaño de cero y a pesar de eso su densidad es infinita y donde además, ya no funcionan las leyes de la física. No hay ninguna forma de hacer predicciones.

A este resultado nos conducen las ecuaciones de la Teoría General de la relatividad de Einstein. Como dijimos, podemos usar la aproximación que nos da la Ley de la Gravitación Universal de Newton, con la que, en mi opinión, es más fácil entender el proceso del colapso gravitatorio. Recordemos que este colapso se detuvo primero en las enanas blancas, debido a la resistencia que oponen los electrones a aproximarse entre ellos. Una vez vencida la oposición de estas partículas, la compresión de la materia se detuvo en las estrellas de neutrones, como resultado del cierre del espacio dentro de los átomos. Pero cuando los neutrones son vencidos por el incremento al cuadrado de la fuerza de la gravedad cada vez que la distancia disminuye a la mitad, ya no hay nada que impida que se forme la "singularidad". ¿O sí?

La teoría de las supercuerdas, que como dijimos, postula que la energía y frecuencia con que vibran diminutas cuerdas, trillones de veces más pequeñas que un electrón, es lo que da origen a todas las partículas de la materia y a los mensajeros de las cuatro fuerzas fundamentales, nos ofrece una solución para que no se formen las impredecibles y absurdas "singularidades".

Cuando las supercuerdas son comprimidas se unen en una cuerda más grande y hasta ahí. Es lo que encontraríamos en el centro de los agujeros negros.

Que el Universo haya surgido de la nada es maravilloso; pero más sorprendente la mente humana, que es capaz de meditar, formar hipótesis y teorías, incluso hacer predicciones de algo tan lejano como el inicio del Universo o tan inaccesible como el interior de un agujero negro, pero en cambio, nunca ha formulado una verdadera teoría científica de los espíritus, que están aquí, con nosotros.

Y hablando de esoterismo...

Horizontes de sucesos y murallas de fuego

Dijimos que cuando se está formando el agujero negro, cuando la materia está cayendo al abismo, aparece un límite de "no retorno", donde la fuerza de gravedad ya es tan intensa que ni la luz que entra puede regresar. A esa frontera se le llama "horizonte de sucesos", pero no es ninguna barrera física, ¿o lo es?

Imaginemos que dos naves se acercan al horizonte de sucesos. Una de ellas no puede detenerse y cae, de alguna forma no es destruida y sus pasajeros siguen vivos; atraviesa el límite. ¿Cuál límite? Para los infortunados viajeros a los que llamaremos "perdidos" no hubo nada, siguieron viendo espacio vacío y eso continuaron observando mientras iban camino a la "singularidad donde serán destruidos.

Para los viajeros de la nave que se detuvo a tiempo, que llamaremos "salvados", la historia es diferente. Con un razonamiento muy complicado que tiene que ver con que la información nunca se pierde, que la de lo que entra en el agujero negro permanece en el horizonte de sucesos a razón de una unidad o bit por cada superficie de Plank. Esta superficie es el área más pequeña que existe, sin embargo, tiene una cantidad tremenda de energía, y esta es igual a partículas, como consecuencia, los pasajeros "salvados" de la nave que se detuvo a tiempo observan que cuando la nave perdida alcanza el horizonte de sucesos, es instantáneamente quemada.

¿Cuál es la historia verdadera de lo ocurrido? La que contarían los pasajeros "perdidos" que sin ver nada continuaron su marcha a su inexorable destino, ¿o la que contaron los pasajeros "salvados", que dijeron que "los perdidos y su nave" fueron quemados completamente?

Resulta que las dos historias son verdaderas.

¿Cómo es esto posible? ¿cómo pueden existir dos realidades?

Bueno, nos contestan los que formularon la teoría, las dos son verdaderas porque nadie puede observarlas al mismo tiempo; o estás acompañando a los "perdidos" y ves su historia, o estás con los "salvados" y observas la de estos, pero no las dos. Para mirar las dos se requiere estar fuera del Universo y por principio, por definición, no hay un "fuera del Universo".

Pero de nuevo, unos observadores, o sea los "salvados", ven que en el horizonte de sucesos hay partículas, mientras que para los "perdidos" no hubo nada, puro espacio vacío.

Entonces resulta que las partículas pueden desaparecer. Aquí debo recordar que todo está formado de partículas: La materia (quarks, electrones), las cuatro fuerzas fundamentales del universo que son la electromagnética, cuyas partículas fundamentales son los fotones, la de gravedad, que pueden ser los gravitones, la nuclear fuerte, con sus gluones y la nuclear débil formada por leptones.

Si las partículas que forman todo lo que existe en el Universo pueden desvanecerse, al igual que el tiempo y el espacio; entonces ¿con qué nos quedamos? La asombrosa conclusión es que ... **¡Todo es irreal!**

Mecánica Cuántica

Esta es la teoría científica más exitosa de todos los tiempos. Es la base de más del 70 por ciento de la producción industrial mundial. Es por ella que tenemos televisores, celulares, computadoras, láseres, radar, y muchos más aparatos electrónicos. Es una Teoría cuyas predicciones, aunque contrarias a nuestro sentido común, siempre se cumplen; sin embargo, casi nadie la entiende. Nos negamos a aceptar lo que nos muestra, entre otras: que el espacio y el tiempo no existen; no como los percibimos y que las partículas no son reales hasta que son observadas; y respecto a esto último, Einstein, a pesar de su mente tan abierta a nuevos conceptos, se negó a aceptar una de sus predicciones que dice que, si dos partículas son enlazadas, lo que le suceda a una le ocurrirá al mismo tiempo a la otra, sin importar que se hayan separado por cualquier distancia. Le llamó "spooky action at a distance", que se puede traducir como: "escalofriante acción a distancia". Desde que se hizo esta predicción, Einstein luchó para demostrar que no podía ser, que debía tratarse de una conclusión errónea. Siempre fracasó.

A finales de junio de 2017, un satélite chino logró comprobar que lo que le sucedió a una partícula enlazada afectó instantáneamente a su compañera que se encontraba a una distancia mayor de 1,200 kilómetros. Unos días después este récord se extendió a 1,400 Km, cuando desde lo alto de una montaña se enviaron fotones enlazados a un satélite en el horizonte, el cual se encontraba a 500 Km de altura.

Como dijimos, la teoría de la relatividad de Einstein dice que nada puede viajar más rápido que la velocidad de la luz, pero la predicción de que lo que le sucede a una partícula, afecta instantáneamente a su compañera enlazada, sin importar que se encuentren alejadas entre sí de un lado al otro del Universo; demuestra, una vez más, que el tiempo y el espacio no existen. Son solo una ilusión.

Pudiera ser también que la información de lo que le ocurre a una partícula viaja a su compañera enlazada a través de otra dimensión. En los dos casos tenemos que cambiar nuestra forma de pensar acerca de lo que es la realidad.

Origen de la Mecánica Cuántica.

A finales del siglo diecinueve, Max Planck estaba tratando de calcular la energía que debería haber en un horno. Encontró que tendrían que estar todas las frecuencias de onda, pero si fuera así, estas serían infinitas y en el horno estaría una energía infinita; lo cual evidentemente no sucede. Al final resolvió el problema: dedujo que debía haber un límite menor de energía y todo lo demás son sumas enteras de esa cantidad; a ese límite menor le llamó: un "cuanto", y ahí empezó la Mecánica Cuántica. Sabemos que la unidad menor de luz es un fotón, aunque este puede contener poca o mucha energía; entre más grande sea esta, menor es su longitud de onda y mayor su frecuencia, como descubrió James Clark Maxwell.

Desde ese tiempo el criterio más aceptado es que la luz es una onda.
Se realizó un experimento, que ya refinado se le llamó el de la "doble rendija", consiste en que si hacemos dos rendijas pequeñas y atrás de estas colocamos una pantalla sensible a la luz, hacemos pasar por **una** de las rendijas una unidad o fotón de luz, también puede ser un electrón o cualquier otra partícula; luego observamos las huellas dejadas en

la pantalla y encontramos un patrón correspondiente a ondas, las cuales pasaron por **las dos** rendijas, al hacerlo se interfirieron, anulándose cuando una cresta se juntó con un valle o incrementándose cuando las cresta y los valles se unen entre sí. Aquí lo extraordinario es que sucede tanto con los fotones de luz, que se suponían que eran ondas, pero también con los electrones, los cuales no deberían comportarse como ondas, sino como partículas de materia.

Después se hicieron otros experimentos, en los que puede observarse el momento en qué los fotones o electrones pasan por las rendijas. Pero, si hacemos la observación, estos dejan de pasar por las dos rendijas, haciéndolo por una sola. En la pantalla únicamente aparecen puntos que corresponden a partículas; deja de observarse el patrón de ondas; parece que estas partículas, fotones o electrones saben que son observados, y deciden pasar solo por una de las rendijas.

Weeler, el gran físico norteamericano, imaginó un experimento en el que se observaba la luz de un quasar (ahora se sabe que los quásares son agujeros negros devorando una gran cantidad de materia, por lo que producen una luz equivalente a toda una galaxia). Este quasar podría encontrarse, digamos a seis mil millones de años luz de distancia o seis mil millones de años en el pasado, mucho antes de que nuestro Sistema Solar se formara. La luz de este quasar es amplificada por una galaxia masiva que funciona como una lente al curvar el espacio con su enorme fuerza gravitatoria. Bueno, este experimento, al igual que con las dos rendijas, debe dejar la huella de que un fotón pasó por ambos lados de la Galaxia. Pero Weeler imaginó que, si vemos este fotón al momento de salir de la Galaxia, este lo hace por un solo lado, como si supiera que es observado, y ahí lo increíble; una observación en el presente puede afectar al pasado, y al pasado muy lejano.

En julio del 2017, un grupo de físicos proponen lo que llaman retrocausalidad, postulan lo mismo: una observación en el presente o en el futuro puede afectar al pasado… Incluso hasta los orígenes del Universo.

El Universo

Al empezar el siglo XX se creía que nuestra Galaxia constituía todo el Universo. Con la construcción de potentes telescopios se descubrió que algunas nebulosas, que se pensaba estaban dentro de la Vía Láctea, eran en realidad otras galaxias que se encuentran muy alejadas de la nuestra.

Ahora se cree que el Universo "visible" está compuesto por cien mil millones de galaxias. Resultó mucho más grande de lo que se pensaba y se extiende mucho más allá de lo que podemos ver. Pero ¿tiene fin?

Cuando Einstein presentó su Teoría General de la Relatividad, se encontró con un problema: El Universo no podía ser estático como se creía que lo era. La atracción de la Gravedad no lo permite; o tenía que estar expandiéndose, venciendo con algún impulso a la fuerza de gravedad, o esta estaba ganando y el Universo se encontraba contrayéndose.

Einstein, quien creía que el Universo era estático, para evitar las predicciones de su teoría introdujo una fuerza repulsiva contraría a la gravedad, que equilibraría exactamente la atracción de esta, le llamó "la Constante Cosmológica".

Posteriormente el astrónomo Fred Hoyle descubrió que, en efecto, el Universo se encuentra expandiéndose, que las galaxias se alejan unas de otras y que las más lejanas lo hacen con mayor velocidad, tal como sucede con puntos marcados en un globo cuando este se infla. Einstein retiró su Constante Cosmológica, declarando que fue su mayor desacierto.

De lo anterior se sacó una conclusión muy interesante: si actualmente las galaxias se alejan unas de otras, quiere decir que en el pasado se encontraban unidas en un punto de extraordinaria densidad y temperatura. Este punto debió en algún momento comenzar a expandirse, dando origen al nacimiento del Universo. Un astrónomo que estaba en desacuerdo le llamó en forma burlesca el "Big Bang", que puede traducirse como la "gran explosión".

En los últimos años, al estar tratando de obtener mediciones más precisas de la velocidad de expansión del Universo, se encontró con algo sorprendente: el Universo no se estaba desacelerando como debía suceder al perder el impulso inicial. Por el contrario, estaba incrementando su velocidad de aceleración. Se encontró que "el mayor error de Einstein", nunca lo fue, que sí existe la constante cosmológica, que es una energía que tiene el espacio "vacío" y que, al estarse expandiendo, la energía contraria a la gravedad se incrementa por ser una constante. A esta fuerza, por no saber más de ella se le llamó Energía Oscura. Se cree que actualmente esta forma el setenta por ciento del contenido de energía y materia del Universo. Este porcentaje irá aumentando en forma exponencial, acelerando cada vez más la velocidad con la que las galaxias se alejan unas de otras, hasta que, en algún momento en el futuro, las demás galaxias se encuentren tan alejadas de la Vía Láctea que su luz nunca nos alcanzará y todo el Universo visible volverá a ser solo nuestra Galaxia; pero con el tiempo, también en esta, la distancia entre las estrellas irá aumentando, hasta que, en un futuro aún muy lejano, no quede ninguna concentración de materia y este proceso continuará, a no ser que la energía oscura cambie de signo y se convierta en atractiva.

El universo imposible

Buscando una explicación científica de cómo se formó la vida en el Universo, nos encontramos que para que se dé esta, requerimos de una exactitud finísima en una exorbitante cantidad de variables que es imposible que se dieran al azar; como ejemplo podemos citar la energía del vacío, la que se presenta en ausencia de todo tipo de materia o energía y es la responsable de que, espontáneamente, aparezcan partículas virtuales que se aniquilan mutuamente en un período brevísimo.

Esta energía del vacío puede ser la responsable de que el Universo no solo no esté disminuyendo su aceleración como consecuencia del Big Bang. Si no que, por el contrario, la está incrementando. Siendo esta energía una propiedad del espacio, entre más grande sea la expansión del Universo, mayor es el volumen de espacio y, por lo tanto, mayor la cantidad total de energía.

Se hicieron los cálculos para saber cuál debe ser el valor de esta energía o constante y se encontró que debía ser mayor de diez elevado a la ciento veinte a lo observado. Este es un número difícil de imaginar, es trillones de trillones de trillones más grande que todas las partículas del Universo.

Las posibilidades de que el Universo apareciera al azar con este ajuste finísimo en la energía del vacío son de cero. Bueno, son de punto, luego 119 ceros y un 1.

Si esta energía del vacío tuviera el valor calculado; no se habría formado nada; ningún átomo, ninguna estrella, ninguna vida. El Universo hubiera iniciado con una tremenda aceleración, que habría provocado que de inmediato, toda su energía se diluyera en la nada.

Además de la energía del vacío, hay otras variables que también tuvieron que ser ajustadas con una muy alta precisión, tales como la fuerza de gravedad, la masa de los electrones, protones, etc. Verdaderamente es casi imposible que este universo favorable a la vida pueda existir, tendría que buscarse una explicación.

Las dificultades que encontramos para la formación de un universo propenso a dar vida son tantas, que podemos decir que ahí se ve la mano de un creador. Pero, con esta forma de pensar nuestro enigma se hace más grande, pues ¿quién creó al creador?

Nuestra mente racional, nuestra inteligencia tiene el deber de buscar una explicación natural.

La Teoría de las supercuerdas predice que el número de posibles universos es diez elevado a la potencia de quinientos; una cantidad inimaginable; cada uno de estos con diferentes leyes naturales; entonces, en esa cantidad que parece infinita, habrá muchos universos que, por puro azar, tengan las condiciones necesarias para el desarrollo de la vida. Y no solo de la vida a la que llamamos material, sino también de la llamada "espiritual".

El Principio Antropomórfico

El principio antropomórfico fue con lo que primero se trató de explicar el origen de este tan peculiar Universo.

Básicamente este principio postula, que, si el Universo no hubiera tenido las condiciones tan difíciles para que la vida apareciera, simplemente no estaríamos aquí haciéndonos esta pregunta. Pudieron existir infinidad de universos estériles, pero si estamos aquí, es porque este Universo tuvo las condiciones favorables, por difíciles que fueran, que permitieron la aparición y evolución de la vida. Este principio es peligroso, prácticamente nos dice que no hay que buscar respuestas. No nos resulta satisfactorio.

La Teoría de las supercuerdas, como ya dijimos, nos ofrece una mejor explicación. Cada partícula del Universo es en realidad la forma en que están vibrando unas cuerdas diminutas del tamaño de la distancia de Planck; o sea billones de veces más pequeñas que un electrón.

Dependiendo de la forma que adopten las dimensiones extras que se requieren en esta teoría, pueden dar origen a diez elevado a la quinientos y cada una de estas formas corresponderían a un universo. En este número, casi infinito de universos, se entiende que, por puro azar, habrá unos favorables a la vida. Esta Teoría, sin embargo, es casi imposible de comprobar.

Los observadores conscientes y la retro causalidad.

Weeler llegó a la extraordinaria conclusión de que el Universo fue creado por los observadores. Por todos los observadores presentes, pasados y futuros. La lógica nos dice que debió aparecer primero el Universo, y este evolucionar hasta que aparecieran los observadores.

Si consideramos que el tiempo no existe, entonces el Universo creó a los observadores, pero también estos crearon al Universo.
Es difícil imaginar que el efecto suceda antes que la causa. Es muy duro aceptar que los observadores, los cuales aparecieron después de que el Universo evolucionó durante miles de millones de años, hasta que las estrellas de primera generación formaron los elementos necesarios que pudieran dar origen a la vida, y la evolución de esta producir a los observadores, y que estos, a su vez, por el mero hecho se observar al Universo, hayan provocado su creación.

Imaginemos que el tiempo no existe, entonces todo está ahí simultáneamente. El tiempo es una ilusión. En el mismo instante, por no encontrar otra palabra, están los observadores, que mediante el acto de observar hacen que el Universo, que antes de ser observado solo era una onda de posibilidades, se hiciera real y que evolucionara en una forma que da origen a los propios observadores.

La Mecánica Cuántica nos ha demostrado que una partícula o incluso algo mayor, de hecho algo tan grande como el Universo, mientras no sea observada, existe en un estado se superposición; como ejemplo podemos citar al gato de Shrodinger, mientras no abramos la caja para ver si el gato sigue vivo o muerto por el gas venenoso que liberaría la caída de una partícula radiactiva, el gato se encuentra en los dos estados a la vez, en una superposición que se colapsa a un estado real por el hecho de abrir la caja y observar al gato. En la misma forma, mientras el Universo no fue observado, se encontraba en un estado de superposición con todos los universos posibles.

No necesitamos imaginar que existe una cantidad casi infinita de universos, para que, por puro azar, se haya formado uno con las características tan especiales, con tantas variables finamente sintonizadas para dar origen a la vida.

PARTE 3

Partículas espirituales

Pienso, luego existo
(Descartes)

Lo único real sería nuestra consciencia, alma o espíritu, como queramos llamarle.

En mi caso, soy de los afortunados que han tenido experiencias paranormales que me han convencido de que las almas y espíritus existen.
Qué bueno sería que se hiciera un estudio exhaustivo de los testimonios de quienes han vivido estas experiencias, se filtraran los casos más creíbles y de ahí se seleccionaran solo los que reunieran ciertos requisitos, por ejemplo, que los hechos haya sido atestiguados por varias personas y todas concordaran en su relato.

Ya sea por motivos religiosos o por experiencias propias, una vez aceptado que los espíritus son reales, las siguientes preguntas que se nos vienen a la mente son:

1. De qué se componen las almas o espíritus.
2. De dónde proceden o cómo se forman.
3. Características de sus partículas.

Los espíritus, al igual que todos los seres vivos, requieren de una estructura interna cuyas partes realicen un trabajo para conservar al organismo funcionando.

Para darnos una idea de lo complicado que son estas estructuras, tenemos que el cerebro humano está formado por alrededor de 86 mil millones de neuronas, cada una de las cuales puede unirse con otras siete mil, formando alrededor de 600 billones de conexiones, y recordemos que cada neurona, al igual que todas las células del cuerpo, también tiene una compleja estructura interna formada por organelos, los que a su vez están compuestos por moléculas, estas por átomos, y estos por partículas subatómicas: electrones, protones, neutrones y quarks.

Casi todo el átomo es espacio vacío, como comparación imaginemos que el núcleo del átomo tiene el tamaño de una naranja, los electrones serían pequeñas canicas girando alrededor de este núcleo a una distancia de varios kilómetros.

Los electrones tienen una carga eléctrica negativa que forma un campo electromagnético que impide la penetración a este espacio por otros átomos; recordemos que cargas iguales se repelen; sin embargo, dijimos también que hay partículas neutras que no interactúan con el campo electromagnético, tal es el caso de los neutrinos, que pueden atravesar planetas sin chocar con una partícula interna de los átomos; solo encuentran espacio vacío.

Las almas o espíritus deben estar formadas por partículas con propiedades semejantes a los neutrinos

¿Qué tipo de partículas? La teoría de la supersimetría propone que por cada partícula conocida existe un socio más pesado. Estos socios no han podido ser detectados hasta ahora y tal vez no existan, pero podemos hipotetizar otra supersimetría. En esta por cada partícula conocida existe un socio mucho más ligero, tal vez como los axiones, que serían billones de veces más livianos que el electrón o, pudieran no ser tan ligeras, pero su presencia no sólo estaría en esta dimensión o plano, sino que parte de su masa permanecería en otra dimensión, plano o universo paralelo.

En el modelo de Simetría Interdimensional, los compañeros de las partículas que forman el átomo serían el ID quart, el ID electrón y el ID gluón

Las dimensiones son las direcciones "relativas" hacia donde podemos desplazarnos, se reconoce que el espacio tiene tres: adelante-atrás, izquierda-derecha y arriba-abajo.

¿Pueden existir otras dimensiones?

Como ya dijimos, Minkowski demostró que se pueden unir las tres dimensiones espaciales con el tiempo, formando el espacio tiempo cuatridimensional. Al hacerlo hizo fácil comprender la razón por la que el tiempo pasa más lentamente para los viajeros espaciales.

Cuando Einstein publicó su Teoría General de la Relatividad en 1915, solo se conocían dos fuerzas fundamentales: la de Gravedad y la Electromagnética. Hoy sabemos que existen otras dos que se encuentran en el interior del átomo: la Fuerza Nuclear Fuerte, que es capaz de mantener unidos a los protones dentro del núcleo del átomo, a pesar de la enorme repulsión entre estos provocada por tener la misma carga eléctrica positiva y la Fuerza Nuclear Débil, que es responsable por la descomposición radiactiva.

El siguiente reto para Einstein era unificar la Fuerza de Gravedad y la Electromagnética en una sola, tal como a mediados del siglo diecinueve lo había hecho el escocés James Clerk Maxwell, quién con cuatro bellas ecuaciones demostró que la fuerza eléctrica y la magnética, en realidad son una misma.

Si bien es fácil notar que entre el magnetismo y la electricidad hay una relación: La corriente eléctrica produce campos magnéticos y los campos magnéticos variables en el tiempo generan corriente eléctrica. En el caso de la Fuerza de Gravedad y la Electromagnética hay grandes diferencias y una, muy fácil de notar, es que la electromagnética es billones de veces más fuerte que la de Gravedad.

En 1919 Theodor Kaluza dirigió una carta a Einstein, en la que le comunicaba que la fuerza de gravedad y la electromagnética se podían unificar en una sola si se introducía una dimensión más en el espacio tiempo. Al usar las ecuaciones de campo de Einstein en ese espacio tiempo de cinco dimensiones y bajo hipótesis adicionales resultan dar, por un lado, las ecuaciones convencionales de Einstein para el campo gravitatorio y por el otro, producen las ecuaciones de Maxwell del campo electromagnético.

Aquí ya estamos hablando de que puede existir una dimensión más, pero, como dijimos, la Mecánica Cuántica es la más exitosa de las teorías, sin embargo, resulta algo complicado que nos presenta un gran número de partículas, lo que hace pensar que debe haber algo mejor, y así regresamos a hablar de la Teoría de las Supercuerdas. En esta todo se simplifica, el gran número de partículas con que nos encontramos en los aceleradores, no son más que diferentes frecuencias en las que están vibrando las diminutas cuerdas. Una sinfonía de estas crea todas las partículas de las que están formadas la materia y las fuerzas fundamentales.

Aunque la Teoría de las Supercuerdas es bella, para que funcione requiere que el Universo tenga al menos **nueve dimensiones** espaciales, pero ¿dónde están estas? Si hubiera más dimensiones las órbitas de los planetas serían un desastre, la luz, el sonido, la gravedad, etc., se difunden en solo las tres dimensiones que conocemos.

Al principio trató de explicarse que después del Big Bang que dio origen al Universo, solo tres dimensiones espaciales se extendieron. Las otras seis permanecieron en su tamaño original, o sea en la pequeñísima distancia conocida como de Planck.

La teoría "M" es la más nueva versión de la Teoría de las Supercuerdas, incorpora cinco teorías previas que se habían desarrollado, así como a la Supergravedad.

En un Multiverso de **diez dimensiones** además de la del tiempo, flotan membranas de varias dimensiones. Nuestro Universo es una membrana de tres dimensiones.

A esta membrana universo se hallan atadas, por sus extremos, las cuerdas que al vibrar forman todas las partículas de la materia de la que estamos constituidos. Teniendo nuestro cuerpo físico atado a esta membrana, no podemos despegarnos e ir a otras dimensiones o universos.

Los gravitones, que son las partículas que transmiten la fuerza de la gravedad, no son cuerdas lineales; sus extremos no se encuentran atados a esta membrana universo, sino que se han unido entre si formando un círculo; al no estar pegados a nuestra membrana, pueden desplazarse a otras.

Las partículas que forman nuestro espíritu, alma o consciencia, al igual que los gravitones, no se encuentran adheridas a este Universo. Son verdaderas partículas interdimensionales.

Recientemente alguien dijo que, de existir los fantasmas, sus partículas ya hubieran sido detectadas en el CERN, el gran colisionador de hadrones que se encuentra localizado entre Suiza y Francia. En este se hacen chocar partículas pesadas aceleradas hasta alcanzar velocidades cercanas a la de la luz. La energía usada para impulsarlas se transforma en materia, incrementando la masa de estas. Al destruirse mutuamente en un choque, la energía liberada se transforma en otras partículas. Así se han podido detectar algunas nuevas, pero no se han encontrado todas las posibles, y muchísimo más difícil sería que aparecieran las que forman a los espíritus, que como ya dijimos, es un tipo diferente de partículas, tal vez nunca podrán ser detectadas.

¿Cómo interactúan las partículas normales con las interdimensionales?

Cuando un organismo está vivo, dentro de él se produce un trabajo, como puede ser transporte de electrones para obtener energía y otros procesos. Esta actividad de los seres vivos provoca que cada partícula de ellos atraiga a su correspondiente socio interdimensional; es una atracción muy débil, se puede romper muy fácil. Cuando el organismo muere, las partículas interdimensionales se separan de él y de ellas mismas.

Cada partícula interdimensional está junto o dentro de su compañera de materia normal. Así, dentro de cada átomo del organismo vivo se forma un átomo interdimensional, con una energía y masa muy diferentes al átomo de materia normal.
Dentro de cada organismo se forma otro organismo igual, pero compuesto de partículas interdimensionales, en otras palabras, se origina un "cuerpo astral".

El cuerpo astral en los organismos primitivos o pequeños no tiene mucha cohesión, como dije antes, en cuanto muere el ser, su cuerpo astral se descompone.
Al aumentar la complejidad de los organismos materiales, los átomos y moléculas de su cuerpo astral van uniendo su atracción, del mismo modo en que actúa la fuerza de gravedad, la que es más fuerte, conforme los cuerpos incrementan su masa.
Al morir un organismo relativamente grande como puede ser el de un gato, su cuerpo astral, que está formado por trillones de partículas, tiene suficiente cohesión para persistir algunos días, dependiendo de las circunstancias; pero no puede evitar los efectos de la segunda Ley de la Termodinámica, por lo que poco a poco se deteriora hasta desaparecer por completo.

Cuando el organismo evoluciona hasta formar el cerebro humano da origen a la consciencia, Esta no está en el cerebro material, sino en el cerebro astral; formado a su vez por partículas interdimensionales. Con la aparición del alma se produce un aumento exponencial de la energía de unión de las partículas que forman la estructura interdimensional. Esta consciencia que los investigadores tratan de encontrar exclusivamente en el cerebro material, (recordemos el caso del hombre que perdió el 90 por ciento de este órgano), en realidad está en el cerebro astral.

Este fue un proceso que no necesitó la intervención directa y constante de Dios; tampoco requirió de un "depósito de almas"

Cuando el organismo muere es abandonado por el cuerpo astral y el alma siente el impulso de ir hacia otra dimensión, plano o universo paralelo; pero puede resistirse por la creencia de que irá a un lugar donde será juzgada y posiblemente condenada o, como dijimos, tiene asuntos pendientes aquí en la Tierra. Su cuerpo astral tiene suficiente cohesión y no se deteriora de inmediato; pero después de un tiempo (no tenemos forma de saber qué tan largo), ese cuerpo astral se empieza a degenerar hasta que se pierde por completo; entonces la propia alma puede empezar a deteriorarse, es por lo que debe ir hacia donde siente la atracción. No podemos especular qué es ese lugar. Puede ser el cielo o como queramos llamarle, que está en otro plano de existencia.

Una vez que el alma abandona este Universo o este plano, para continuar perfeccionándose o evolucionando puede volver a necesitar un cuerpo material.

Para reencarnar el alma tiene que introducirse en un feto al que aún no se le haya desarrollado la propia. El ser que nacerá será algo superior, porque tiene un alma de segunda o más generaciones.

Cuando este tipo de alma se introduce en un feto que aún no desarrolla la suya, conserva por un tiempo sus recuerdos, pudiendo suceder que se comunique, generalmente en sueños, con la madre, incluso con otros familiares. Una de primera generación no podría hacerlo, aún no tiene los conocimientos.

La Materia Oscura

No podemos descartar que partículas Interdimensionales pudieran ser parte de la llamada materia oscura. Esta, de existir, debe encontrarse dentro de nuestro cuerpo, de nuestras moléculas, de nuestros átomos, así como en todo el Universo, en proporción de 5 veces mayor que la materia ordinaria. Es invisible porque no interactúa con la fuerza electromagnética, o sea que no podría observarse con luz visible, ni con ondas de radio, rayos x. Ningún componente del espectro electromagnético serviría. Solo interactúa con la Fuerza de Gravedad, de ahí se infiere su existencia.

Cuando en el siglo veinte se construyeron telescopios cada vez más poderosos, se observó un hecho sorprendente: Las estrellas en las orillas de la Vía Láctea y de otras galaxias, estaban girando, orbitando alrededor del centro galáctico correspondiente a una velocidad mucho mayor de la prevista por las leyes respectivas. Se requiere de una masa mucho mayor, alrededor de cinco veces más grande que la calculada para la galaxia, a fin de que pudiera incrementarse, proporcionalmente, la atracción de la fuerza gravitatoria y así evitar que estas estrellas salieran disparadas por los efectos centrífugos. Debía, por lo tanto, existir esa masa, pero como no podía ser vista, se le llamó "Materia Obscura".

Posteriormente se calculó que esta materia oscura también era necesaria para balancear la cantidad total de materia y energía del Universo, esta cantidad debía ser tan precisa, que una pequeña proporción de más hubiera incrementado la atracción de la fuerza de gravedad después del "Big Bang" lo suficiente para evitar que el naciente universo casi no se expandiera, contrayéndose de nuevo en un "Big Crunch". No hubiera habido tiempo para que se formaran las estrellas que dieron origen a los elementos necesarios para la vida.

Una cantidad de materia algo más pequeña, habría ocasionado que el Universo se expandiera tan rápido que las nubes de gas primigenias se habrían diluido de tal modo, que en ninguna parte hubiera habido la concentración necesaria para que, por efecto de la gravedad, se contrajeran lo suficiente para aumentar su temperatura y presión hasta lograr el encendido del horno nuclear, y se diera así origen a las estrellas y estas a los elementos de que estamos formados.

Debido a que hasta el momento no ha podido comprobarse la existencia de la materia oscura, han aparecido otras teorías que intentan prescindir de ella, ya sea modificando la fuerza de atracción de la gravedad a largas distancias o, incluso, descartándola como una fuerza fundamental. Pero hasta el momento, la Materia Oscura sigue siendo una teoría muy aceptada.

Las concentraciones de materia oscura se encuentran mayormente en las orillas de las galaxias, pero, en realidad, está en todas partes, como ya dijimos, incluso dentro de nuestro cuerpo, aunque en concentraciones mucho menores. Al estar dentro de los átomos que nos forman, automáticamente producen una copia de nosotros.

Conclusiones

Nuestra hipótesis sobre la formación del alma o espíritu nos conduce a una importante conclusión: Sabemos que todo lo que tuvo un principio tendrá un final. Nuestra alma, espíritu o conciencia no puede ser inmortal y esto es algo bueno. Mientras tengamos un propósito y una ocupación, tal vez sigamos evolucionando, perfeccionándonos y viviendo indefinidamente. Pero todos los placeres, con el tiempo dejan de serlo, puede sobrevenir el aburrimiento, la depresión. Entonces es bueno dejar de existir.

Por otra parte, si no somos inmortales, nunca podríamos ser condenados al sufrimiento eterno. El infierno y tortura perennes simplemente no pueden existir. La muerte es liberadora, siempre lo ha sido. Cuando el dolor se vuelve insoportable, la muerte, la llamemos o no, acude a rescatarnos.

Para formarnos requerimos de la materia de este plano, de este Universo, de este espacio-tiempo, como sea que queramos llamarle. Después de la muerte iremos a otro plano de existencia, pero en este fue donde nos formamos y evolucionamos; tal vez esto siga sucediendo en otro lugar, pero pudiera ser que aquí se faciliten las cosas debido a nuestra unión con la materia, que, al organizarse, nos organiza; forma nuestra esencia espiritual; tal vez nos haga evolucionar mucho más rápido, es por esto por lo que debemos aprovechar nuestra estancia en este plano material.

Una vez fuera del cuerpo, nos lamentaremos de no haber hecho lo suficiente, añoraremos otra oportunidad. Tal vez se nos conceda reencarnar. Pero pudiera ser que la reencarnación solo sea para los que no tuvieron tiempo o la oportunidad para perfeccionarse, ya sea por una muerte prematura o alguna otra circunstancia.

Creo que una forma de mejorar nuestro espíritu es guiarnos por los valores humanos y adquiriendo muchos conocimientos; no importa cuán innecesario nos parezcan, con cada cosa que aprendemos, con cada dato almacenado en la memoria, se forman nuevas conexiones cerebrales, lo que hace a nuestro cerebro y a nuestro espíritu más complejos y, por lo tanto, más avanzados.

Otra forma de fortalecer nuestra alma debe ser la meditación y cualquier clase de ejercicio mental. Seguramente que nos concentremos en entender y resolver cuestiones complejas de ciencia, problemas sociales, políticos, económicos o de cualquier índole son buenos para este fin.

Las almas pueden estar también sujetas a un proceso de selección natural, unas quedarán en el camino, otras seguirán evolucionando, siendo cada vez mejores para cumplir con tareas y misiones superiores ¿cuáles serán estas? no podemos saberlo, pero serán importantes en la evolución de la vida en el Universo, o en el Multiverso.

Nuestro cuerpo material fue necesario para que, como una copia, se armara nuestro cuerpo astral.

Nuestra consciencia tiene la capacidad para modificarse y evolucionar.

El cuerpo material tuvo una gran utilidad, desgraciadamente también tiene muchas limitaciones.

Todo en la naturaleza tiene un objetivo, la mayoría de las veces no conocemos qué utilidad puede tener algo; nos sorprendemos al descubrir que muchos venenos son también medicinas; nos aterrorizan los terremotos, pero ahora, sabemos que estos son ocasionados por la actividad tectónica y sin esta desaparecerían los continentes, la superficie de la Tierra sería plana, por lo que sería cubierta por un océano, con una profundidad promedio de cinco kilómetros. La causa de la actividad tectónica es el núcleo fundido de la Tierra, y este a su vez, también forma un campo electromagnético que desvía las partículas cargadas con las que el Sol constantemente nos bombardea, las cuales nos matarían y provocarían, tal vez, la desaparición de nuestra atmósfera.

Si todo tiene un propósito, ¿cuál es el de la vastedad del Universo?

Podemos contestar que el Universo es tan grande para que en él se posibilite la existencia de muchos planetas con características similares a la de la Tierra, amigables con la vida; aunque por cada uno de estos planetas capaces de albergar seres vivos, haya un millón de planetas hostiles.

Nuestros modernos telescopios pueden ver estructuras situadas a más de trece mil millones de años luz, pero el Universo se extiende más allá y aparentemente sigue creciendo.

Para darnos una idea de lo que son trece mil millones de años, debemos recordar que a nuestro

Sistema Solar se le calcula una edad de 4,500 millones de años, pero desde la aparición del hombre moderno no han pasado más que unos doscientos mil años.

No podemos viajar a la velocidad de la luz, pero ni aún esta sería suficiente para explorar todo el Universo, mucho tiempo antes de que transcurran esos trece mil millones de años nos habremos extinguido, junto con la mayoría de las estrellas visibles.

Tal vez a velocidades sublumínicas seríamos capaces, en cientos de millones de años, de colonizar toda la galaxia, asegurando que ningún evento cósmico destruya a la especie humana, pero, esta nuestra Vía Láctea, es solo un pequeño punto en comparación con el tamaño del Universo.

Estamos pensando en la actualidad en viajar a Marte y podemos darnos cuenta de que no estamos hechos para vivir en el espacio, por ejemplo, la radiación nos mata fácilmente. Tal vez un buen escudo nos protegiera contra la radiación espacial, pero este aumentará el peso de la nave que tenemos que impulsar.

Para viajes tan largos, además de que nuestra vida es muy corta, puede haber problemas de alimentos, oxígeno, etc. La opción de que viajemos congelados, en estado de suspensión, no sería suficiente.

No podemos aceptar creer que nunca lograremos extendernos más allá de una minúscula parte del Universo, a no ser que se descubra, como en las novelas de ciencia ficción, un modo de viajar a través de "agujeros de gusano", que se supone comunican "inmediatamente" una región del Universo con otra, o que de verdad exista el "hiperespacio", el que, hasta ahora, solo es una ocurrencia de los escritores de Ciencia Ficción; pero pudiera haber otra forma.

Por la experiencia que tuve con un "fantasma" y que relato al principio de este libro, aprendí que los espíritus tienen capacidad para mover objetos materiales. Aquél desplazó un pequeño mueble para bloquearnos a Roxana y a mí la apertura de la puerta de la casa en que vivíamos, aquella noche que regresamos de San Pedro.

Tal vez podamos llegar a aprender a desprendernos de nuestro cuerpo físico y sea nuestro cuerpo astral quien viaje en las naves espaciales, con las siguientes ventajas:

1.- Poco o ningún peso de los pasajeros.

2.- Aunque los espíritus requirieran algún tipo de alimentación para obtener su energía y evitar el deterioro que ocasiona, que, siendo parte de este Universo, están también sujetos a la segunda ley de la termodinámica. De cualquier modo, los abastecimientos que sea necesario transportar, serían mucho menores que llevar comida, oxígeno, aparatos y sistemas de reciclado, etc., pero lo mejor:

3.- Mucha más resistencia que nuestros débiles cuerpos materiales a las condiciones del espacio exterior

4.- Un período de vida indefinida para el caso de los viajes espaciales muy prolongados, tal vez de miles o millones de años. Aunque nuestra alma no sea inmortal, la duración de la vida espiritual es muy extensa.

También es posible que una de nuestras misiones después de la muerte sea explorar el Universo, llegar hasta las regiones más lejanas. En este caso, nuestras naves espaciales serán de otro tipo, estarán formadas por otros "materiales", tal vez de la misma clase que nuestro espíritu; por lo tanto, serán mucho más veloces hasta el punto de que "velocidad" deje de tener sentido. ¿Quién sabe? Esto es pura especulación. Sin embargo, existen múltiples historias, de diferente gente, de muchas regiones del mundo, que cuentan haber sido secuestradas por extraterrestres; que se vieron dentro de su nave sin poder moverse y que sintieron que estaban siendo estudiados.

A pesar de lo anterior, oficialmente nunca se ha detectado ninguna de estas naves; lo que tendría sentido si éstas no están hechas de materia ordinaria.

Con naves hechas de partículas interdimensionales no tendríamos problemas para viajar de una parte a otra del Universo, a otra dimensión, o a través del tiempo. La vastedad del Universo ya no sería un impedimento. ¿Qué tal si estos extraterrestres no estaban estudiando el cuerpo material de los secuestrados, sino que les extrajeron el espíritu y fue únicamente este el transportado a la nave?

¿Significa lo anterior que los extraterrestres tienen alma o espíritu?

Desde luego que la tienen; al igual que nuestros cuerpos, que al mismo tiempo que se organizan sirven como "moldes" para que se forme otro con distinto tipo de partículas; los seres extraterrestres al evolucionar también adquieren su propio cuerpo astral, que al alcanzar cierta complejidad produce el alma, que como dije, no es otra cosa más que la consciencia de uno mismo. Del mismo que sucede con nosotros, estos cuerpos astrales pueden desprenderse del cuerpo material.

Siguiendo con esta línea de pensamiento podríamos preguntarnos si una inteligencia artificial muy avanzada, ¿pudiera desarrollar un alma? La respuesta debe ser que una y otra vez se ha demostrado que no somos el centro del Universo; tal vez nos toque dar origen a la siguiente forma de vida, diferente a la de origen "natural". En estos momentos se están construyendo chips con tecnología menor a tres nanómetros y seguirán miniaturizándose, cada vez más, hasta llegar a un tamaño cercano al del átomo. Incluso, en la actualidad, ya se ha avanzado en la producción de "sencillas" computadoras cuánticas. Una vez que estas alcancen un grado de complejidad semejante al cerebro humano; así como nuestro organismo sirve de molde para que se forme otro hecho de partículas interdimensionales, lo mismo podría ocurrir con estas computadoras; tendrían su propia consciencia, su propia alma.

Algunas ideas expuestas aquí, hasta el momento no son más que mera especulación, pero al empezar a enfocar el alma desde un punto de vista científico, podemos afirmar, en primer lugar:

1.- Que el alma está formada por partículas que le confieren una compleja estructura interna.

¿Qué tipo de partículas? mi hipótesis es que son un tipo con características especiales, capaces de desprenderse de esta membrana de tres dimensiones que es nuestro Universo y transportarse hacia otros planos superiores.
A falta de un nombre más apropiado le llamo: "Simetría Interdimensional".

2.- Que el alma, espíritu o consciencia se forma al mismo tiempo que lo hace el cuerpo humano. No se requiere una explicación religiosa

3.-Del párrafo anterior se desprende que el alma no es inmortal, si tuvo un origen como todo en este Universo, incluyendo a este mismo, también tendrá un final, y como ya se dijo, esto no es algo malo.

Este debe ser un campo fascinante y el más prometedor en la investigación de la Ciencia. Tal vez los espíritus de gente muerta no se presten para ser estudiados, pero los vivos tenemos también esa alma o consciencia, como se prefiera llamarle. Seguramente encontraremos un modo de aprender más, de desprendernos a voluntad de nuestro cuerpo material, y, con nuestro cuerpo astral o espiritual exploraremos todo el Universo. Las distancias y el tiempo desaparecerán, nos convertiremos en verdaderos seres cósmicos. Será el descubrimiento más grande de todos los tiempos.

De cualquier modo, es maravilloso que continuemos más allá de la muerte.

Las experiencias que obtengamos en la vida, el aprendizaje, no se perderán.

*Para proteger su privacidad, algunos nombres de personas fueron cambiados.

Otras obras de JOSE RIVERA:

… y las estrellas desaparecieron
Amazon Books

Crónicas interdimensionales
-Guerra entre universos-
Amazon books

Bibliografía

Amanda Gefter.
Trespassing on Einstein Lawn.
Batam Books, New York.

Andrew Thomas.
Hidden in Plain Sight.
Amazon Kindle ebook.

Brain of a white-collar worker.
The Lancet, Volume 370, p262, 21 July 2007.

Brian Greene
The Elegant Universe
W.W. Norton Company, Ny. 1999.

Brian Greene
The Hidden Reality
Alfred Knopf, 2011, Random House, Inc, New York.

Brian Greene.

The Fabric Of The Cosmos.
Alfred A. Knopf. New York.

Bruce Rosenblum and Fred Kutner.
Quantum Enigma.
Second Edition, Oxford University Press.

Carlo Rovelli.
Reality IS Not What It Seems.
Riverhead Books, New York.

Jeff Yee.
The Particles Of The Universe.
Amazon Kindle Edition.

Kip S. Thorne
Black Holes And The Time Warps
W.W. Norton And Company, NY, 1994.

Lisa Randall.
Knocking on Heavens Door.
Amazon Kindle Edition.

Lisa Randall.
Warp Passages.
Amazon Kindle Edition.

May Tegmark.
Our Mathematical Universe.

Random House.

Robert Lanza, M.D. With Bob Berman.
Biocentrism.
Benbella Book Inc., Dallas, Tx.

Robert Lanza.
Rethinking Immortality.
The Worl and Online.

Shan Gao.
Dark Energy.
2014, By Amazon Kindle Direct Publishing.

Stephen Hawking.
Black Holes and Baby Universes and Other Essays.
Batam Books 1993.

Stephen Hawking.
The Universe in A Nutshell.
A Batam Book 2001.

Stuart Chark PH.D.
The Unknown Universe.
Pegasus Books, New York, London.

Timoty Ferris.
The Whole Shebang: A State Of The Universe(S) Report.

New York, Simon and Shuster, 1997.